BEI GRIN MACHT SICH IHR WISSEN BEZAHLT

- Wir veröffentlichen Ihre Hausarbeit,
  Bachelor- und Masterarbeit

- Ihr eigenes eBook und Buch -
  weltweit in allen wichtigen Shops

- Verdienen Sie an jedem Verkauf

Jetzt bei www.GRIN.com hochladen
und kostenlos publizieren

Der Ameisenstaat - Arbeitsteilung innerhalb eines Superorganismus

Georg Andreev

Bibliografische Information der Deutschen Nationalbibliothek:

Die Deutsche Nationalbibliothek verzeichnet diese Publikation in der Deutschen Nationalbibliografie; detaillierte bibliografische Daten sind im Internet über http://dnb.d-nb.de abrufbar.

ISBN: 9783346668233
Dieses Buch ist auch als E-Book erhältlich.

Druck und Bindung: Books on Demand GmbH, Norderstedt Germany
Gedruckt auf säurefreiem Papier aus verantwortungsvollen Quellen

Das vorliegende Werk wurde sorgfältig erarbeitet. Dennoch übernehmen Autoren und Verlag für die Richtigkeit von Angaben, Hinweisen, Links und Ratschlägen sowie eventuelle Druckfehler keine Haftung.

Das Buch bei GRIN: https://www.grin.com/document/1243633

Hausarbeit

im Sommersemester 2017

am Institut für Biologie

der Julius-Maximilians-Universität Würzburg

zum Modul

„Funktionsmorphologie der Arthropoden"

Der Ameisenstaat –

Arbeitsteilung innerhalb eines Superorganismus

vorgelegt von Georg Andreev

Studiengang: Hauptfach Philosophie / Nebenfach Biologie

4. Fachsemester

vorgelegt am: 17.07.2017

Inhaltsverzeichnis

1. Einleitung

Ameisen sind stets in Kolonien oder auch sogenannten Ameisenstaaten organisiert. Diese staatenbildenden Tiere stellen hierbei für Verhaltensbiologen unglaublich faszinierende Lebewesen dar. Während ein Laie mit seinen ungeschulten Augen nur eine umherirrende Ameise am Straßenrand sieht, die durch ihre zufällig scheinenden Bewegungsmuster kein bestimmtes Ziel zu verfolgen scheint, versucht der Biologie, teils durch stundenlanges Beobachten der Ameisen im Einzelnen, als auch im Hinblick auf das Ganze und somit den kompletten Ameisenstaat, das Verhalten der Ameisen zu entschlüsseln. Verhaltensbiologen versuchen die Mechanismen und Prinzipien aufzudecken, die im Laufe der Evolution entstanden sind, sodass genau diese Ameise, zu diesem Zeitpunkt, als Teil eines größeren Ganzen, als Teil des Superorganismus Ameisenstaat, eine gewisse Aufgabe ausführt.

In dieser Arbeit soll veranschaulicht werden, was der Begriff des Superorganismus, mit dem die Ameisenstaaten oft betitelt werden, darstellt, auf welche Organismen er sich im wissenschaftlichen Gebrauch tatsächlich bezieht und welchem Ursprung dieser entstammt. Zusätzlich werden im Folgenden die Mechanismen und Prinzipien aufgezeigt, nach denen die Arbeitsteilung im Ameisenstaat geregelt wird. Somit wird zugleich an Beispielen gezeigt werden, zu welchen komplexen Organisationssystemen die doch eigentlich so einfach gebauten Ameisen fähig sind.

2. Der Superorganismus

2.1. Der Superorganismus-Begriff und seine Folgen

Der Weg für die Entwicklung des Begriffs Superorganismus wurde Ende des 19. und Anfang des 20. Jahrhunderts durch das starke Interesse an der Evolutionsphilosophie geebnet. Bekannte Denker wie Ernst Haeckel, Herbert Spencer und Gustav Theodor, schrieben zu dieser Zeit dem Universum eine gewisse Ordnungsstruktur zu. Dabei wurde diese Struktur in unterschiedliche Ebenen unterteilt und die auf diesen jeweiligen Ebenen erkannten einzigartigen Eigenschaften charakterisiert (HÖLLDOBLER & WILSON 2010).

Diesen Gedanken von gewissen Ordnungsstrukturen und den einzigartigen Eigenschaften, die mit den jeweiligen Ebenen innerhalb dieser Ordnung einhergehen, brachte William Morton Wheeler durch seinen 1911 veröffentlichen Essay *The Ant Colony as an Organism* explizit in die Soziobiologie ein. In seinem Essay bezeichnet er die Ameisenkolonie als einen Organismus, der einer Person nicht nur ähnlich ist, sondern tatsächlich einen eigenständigen Organismus darstellt. In Wheelers 1928 erschienenem Werk *The social insects, their origin and evolution* führt er ausdrücklich den Begriff des Superorganismus in die Wissenschaft der Biologie ein und hatte somit, rückwirkend betrachtet, die Weichen für eine stärkere Erforschung von Organisationsebenen im Tierreich gestellt, speziell bei den sozial zusammenlebenden Insekten (HÖLLDOBLER & WILSON 2010).

Wheeler traf durch die Einführung des Begriffs Superorganismus nicht nur auf Akzeptanz. Im Gegenteil: Wheelers *Superorganismus* sorgte für viel Aufruhr, denn nicht jeder Wissenschaftler seiner Zeit stimmte der Aussage, Ameisenkolonien als einen Organismus zu betrachten, zu (HÖLLDOBLER & WILSON 2010). Jedoch sind es nicht nur die Akzeptanz und Zustimmung zu Thesen, die zu Fortschritt in der Wissenschaft führen. So glaube ich, kann Ablehnung und Kritik, die zu wissenschaftlichen Aussagen geäußert wird, zu noch größerem Fortschritt und neuen Durchbrüchen führen als alleinige Akzeptanz. Denn bei der Ablehnung von Thesen werden nicht nur Einwände von Kritikern wiedergegeben, sondern auch Gegenmodelle präsentiert, welche wiederum zu Akzeptanz oder Kritik führen können. Dieses Wechselspiel von Thesen und Gegenthesen führt dabei im Laufe der Zeit zu stetigem und anhaltendem Fortschritt der Wissenschaft.

2.2.   Superorganismen und Eusozialität

In diesem Abschnitt soll die Frage beantwortet werden, welche Organismen beziehungsweise Organisationsstrukturen heutzutage überhaupt als Superorganismen bezeichnet werden. Hierbei ist zu beachten, dass der Begriff des Superorganismus sehr eng mit der Eusozialität verknüpft ist. Laut HÖLLDOBLER und WILSON kann nämlich der Begriff des Superorganismus auf jede eusoziale oder „wirklich soziale" Insektenkolonie angewendet werden. Dabei ist eine Kolonie als eusozial zu kennzeichnen, wenn sie den drei kennzeichnenden Merkmalen entspricht. Erstens: Es muss unter erwachsenen Tieren eine Aufteilung in fortpflanzungsfähige Kasten und Arbeiterkasten mit eingeschränkter oder fehlender Fortpflanzungsfähigkeit vorliegen. Zweitens: Erwachsene Tiere zweier oder mehrerer Generationen koexistieren im selben Nest. Drittens: Nicht oder kaum fortpflanzungsfähige Arbeiter versorgen die Jungen. Somit dürfen Insektenkolonien, die alle diese drei Anzeichen aufzeigen, und somit als eusozial gelten, als Superorganismen bezeichnet werden. Zu den Insekten, die unter diese Kategorie fallen, gehören: Ameisen, Bienen, Wespen und Termiten. Hierbei soll der Fokus in dieser Arbeit auf den Ameisen liegen (HÖLLDOBLER & WILSON 2010).

Falls eine striktere Anwendung des Begriffes Superorganismus gefordert wird, so dürfen laut HÖLLDOBLER nur Kolonien von fortgeschrittener Eusozialität, in denen der Konflikt um die Fortpflanzung weitgehend beigelegt ist und eine Arbeiterinnenkaste selektiert wurde, als Superorganismen bezeichnet werden (HÖLLDOBLER & WILSON 2010).

2.3.   Parallelen zwischen Organismus und Superorganismus

Zwischen Organismus und Superorganismus gibt es Parallelen auf unterschiedlichen Organisationsebenen. So entsprechen die Mitglieder der Kolonie des Superorganismus den Zellen des Organismus. Die unterschiedlichen Kasten der Kolonie entsprechen den Organen, die fortpflanzungsfähige Kaste den Keimdrüsen, die Arbeiterkasten den Körperorganen und die Verteidigerkasten dem Immunsystem (HÖLLDOBLER & WILSON 2010).

Im direkten Vergleich einer Ameisenkolonie mit einem Organismus kann man auch sagen, dass die Ameisenkönigin das Kernstück des Superorganismus bildet, im physiologischen als auch im genetischen Sinn. Das dementsprechende Gegenstück des Organismus dazu bildet die Keimbahn und der Fortpflanzungstrakt im Allgemeinen. Dahingegen haben die Arbeiterinnen im Wesentlichen die Funktion von Körperteilen. Sie stellen den Darm, den Mund, die Augen und das ganze Körpergewebe des Superorganismus dar, das um die Eierstöcke, die von der Ameisenkönigin repräsentiert werden, verteilt liegt (HÖLLDOBLER & WILSON 2016).

2.4.   Ameisenkolonien und ihre Variabilität

Ameisen gehören zu der Klasse der Insekten (*Insecta*) und werden der Ordnung der Hautflügler (*Hymenoptera*) zugeordnet. Die Familie der Ameisen (*Formicidae*) umfasst zurzeit ca. 14000 bekannte Arten. Hier wird jedoch angenommen, dass mindestens die doppelte Anzahl an Ameisenarten noch nicht beschrieben ist und es den Großteil dieser, vor allem in den Tropen, noch zu entdecken gilt (HÖLLDOBLER & WILSON 2016).

Alle bisher bekannten Ameisenarten leben in eusozialen Verhältnissen. Jedoch weisen Ameisen, abgesehen von ihrer eusozialen Lebensweise, in gewissen Punkten eine gewaltige Variabilität auf. Die Unterschiede bei den Ameisenkoloniegrößen können enorme Ausmaße annehmen. Betrachtet man die primitive Ameisenart *Prionomyrmex* (früher *Nothomyrmecia*) *macrops*, die auch als „Dawn ant" bezeichnet wird und in Australien vorkommt sowie Arten der Gattung *Amblyopone*, so bestehen ihre Kolonien aus nicht einmal Hundert Ameisen. Schaut man sich hingegen das andere Extrem an, zu dem die *Atta*-Blattschneiderameisen, Treiberameisen (*Dorylinae*), Heeresameisen (*Ecitoninae*) und die Weberameisen (*Oecophylla*) gehören, so können ihre Kolonien aus Hunderttausenden oder sogar Millionen von Arbeiterinnen bestehen (HÖLLDOBLER & WILSON 2010).

Ein weiterer großer Unterschied zwischen Ameisenarten ist die Größe der einzelnen Ameisen. Die kleine Feuerameise (*Wasmannia aurapunctata*) erreicht kaum eine Größe von 2 Millimetern. Im Gegensatz dazu können gewisse Arten der Gattung *Paraponera* eine Größe von über 3 Zentimetern erreichen (GORDON 2010). Die Nester von Ameisenkolonien können von einfachen Nestern bis zu enormen und gut strukturierten Tunnelsystemen bei den Blattschneiderameisen oder kunstvollen Nestern, wie den Seidenpavillons bei den Weberameisen, reichen (HÖLLDOBLER & WILSON 2010).

Aufgrund der hohen Variabilität der Familie der Ameisen in Gesichtspunkten wie Koloniegröße, Größe der einzelnen Ameisen und Komplexität ihrer Nester, aber auch ihrer unterschiedlichen Ausprägung und Fähigkeiten zu komplexeren Verhaltensmustern, sowie durch ihre eusoziale Organisation in Kolonien, die allen Ameisenarten zukommt, konnten die Ameisen eine Menge unterschiedlicher Lebensräume dieses Planeten besetzen.

Die Familie der *Formicidae*, mit ihren 15 Unterfamilien, ist auf allen Kontinenten der Erde, ausschließlich der Antarktis, vorzufinden. Dabei leben Ameisenarten in fast allen denkbaren Habitaten und nutzen hierbei eine extreme Vielfalt an Futter und Nistplätzen (GORDON 2010).

3. Arbeitsteilung in Ameisenkolonien

Wie schon in dem Kapitel 1.2. erwähnt, existiert bei den Ameisenkolonien nach dem ersten Kriterium der Eusozialität eine Aufteilung in fortpflanzungsfähige Kasten und Arbeiterkasten mit eingeschränkter oder fehlender Fortpflanzungsfähigkeit. Diese Aufteilung in Kasten ist eng verknüpft mit der bei Ameisenkolonien vorliegenden Arbeitsteilung. Dieser Arbeitsteilung im Ameisenstaat wird sich dieses Kapitel vollständig widmen. Dabei soll im Folgenden deutlich gemacht werden, in welche Kasten und Subkasten Ameisenstaaten unterteilt werden können und inwiefern Ameisen die Möglichkeit besitzen ihren Arbeitsbereich zu wechseln. Zudem wird der bei Ameisen vorkommende Alters- und Zentrifugalpolyethismus dargelegt und anhand von Beispielen erläutert. Die folgenden Ausführungen sollen somit die wesentlichen, zur heutigen Zeit erforschten, Grundprinzipien der Arbeitsteilung innerhalb einer Kolonie darstellen. Diese Prinzipien finden jedoch aufgrund des großen Artenreichtums und der hohen Variabilität in der Organisation von Ameisenkolonien in unterschiedlichen Arten nur bedingt Anwendung. Somit sollen die in diesem Kapitel dargestellten Prinzipien, je nach untersuchter Art, einen Leitfaden zum allgemeinen Verständnis der Organisation von Ameisenkolonien bieten.

3.1. Ameisenstaat – Ein Kastensystem

Früher wurde der Ameisenstaat oft in drei unterschiedliche Kasten unterteilt. Die Männchen, die Königin und die Arbeiterinnen. Dies ist jedoch nicht ganz gerechtfertigt, da hier der normale Geschlechtsdimorphismus zwischen Männchen und Weibchen eingeschlossen ist. So spricht man bei den Ameisen heute zurecht nicht von den drei oben genannten Kasten, sondern nur von einer Kastenaufteilung innerhalb des weiblichen Geschlechts. Dabei ist von der typischen Aufteilung in Ameisenkönigin- und Arbeiterinnenkaste die Rede (BUSCHINGER 1985).

Hierbei besteht ein sowohl physiologischer als auch zumeist morphologischer Unterschied zwischen diesen beiden Kasten. Der physiologische Unterschied bezieht sich auf die jeweiligen Funktionen der Kasten. Während die Ameisenkönigin, abgesehen von den Aufgaben die zu Beginn einer Staatenbildung geleistet werden müssen, in einer bereits bestehenden, ausgewachsenen Kolonie nur für die Reproduktion zuständig ist, erfüllt die Arbeiterinnenkaste, mit all ihren Mitgliedern, alle übrigen Aufgaben die für die Aufrechterhaltung und das Fortbestehen der Kolonie nötig sind, Fortpflanzung ausgenommen (BUSCHINGER 1985). Unter diese

Aufgaben fallen bei fast allen Arten Arbeiten wie der Bau und die Reparatur des Nestes, das Füttern und Pflegen der Larven, das Umherbewegen der Puppen innerhalb des Nests sowie die Futtersuche (GORDON 2010).

Der morphologische Unterschied zwischen Königin und Arbeiterin besteht meist in ihrer Größe und der Ausprägung von Flügeln. Während Ameisenköniginnen fast aller Arten von Geburt an Flügel besitzen, besitzen Arbeiterinnen hingegen keine. Meist werden diese Flügel aber nach einem erfolgreichen Hochzeitsflug an präformierten Bruchstellen durch die Königin abgebrochen, um dann durch den Abbau der nicht mehr benötigten Flugmuskulatur einen Teil der Energie, die für ihr eigenes Überleben notwendig ist, sicherzustellen. Die Ameisenköniginnen der meisten Arten versorgen sich jedoch nur bis zum Schlupf der ersten Arbeiterinnen der neugegründeten Kolonie selbst (HÖLLDOBLER & WILSON 2010). Eine Ausnahme hiervon bilden dahingegen die nicht begatteten Königinnen der Treiberameisen, die vom Schlupf aus der Puppe an völlig flügellos sind und das Mutternest während ihrer Lebzeiten niemals zu einem Hochzeitsflug verlassen. Stattdessen warten die nicht begatteten Königinnen dieser Art auf die Ankunft geflügelter Männchen aus anderen Kolonien, um sich dann mit diesen zu paaren (HÖLLDOBLER & WILSON 2016).

Zudem sind die Ameisenköniginnen in der Regel deutlich größer als die Zugehörigen der Arbeiterinnenkaste. Jedoch gibt es auch hiervon Ausnahmen. Meist bei Arten die einen starken physischen Polymorphismus innerhalb der Arbeiterinnenklasse aufweisen, wie es in Kolonien einiger Arten von blattschneidenden Ameisen der Gattung *Atta* der Fall ist (HÖLLDOBLER & WILSON 2011).

3.2. Prinzipien der Arbeitsteilung im Ameisenstaat
3.2.1. Arbeitsteilung und Subkasten in einer polymorphen Ameisenkolonie

Betrachtet man unterschiedliche Ameisenarten, so kann man bei einigen auch innerhalb der Arbeiterinnenkaste einen physischen Polymorphismus erkennen (BUSCHINGER 1985). Bei einfachen und weniger komplexen Ameisenkolonien existiert dieser meist nicht. In solchen Kolonien sehen alle Arbeiterinnen meist komplett gleich aus oder sehen sich zumindest sehr ähnlich. Der gegenteilige Fall ist dies bei einigen Arten die komplexere Nest- und Signalstrukturen aufweisen. Hier trifft man, entsprechend der Ausprägungsstärke des physischen Polymorphismus, Ameisen deutlich verschiedener Größen innerhalb der Arbeiterinnenkaste an (HÖLLDOBLER & WILSON 2010). Diese Art des Polymorphismus, der sich in Subkasten der

Arbeiterkaste äußert, sowie die vorhandene Arbeitsteilung in einer Kolonie sollen anhand der blattschneidenden und pilzzüchtenden Arten *Atta cephalotes* und *Atta sexdens* veranschaulicht werden.

Beide Arten verfügen über eine große Bandbreite an physischen Subkasten, wobei die unterschiedlich großen Ameisen generell in Minor- (kleinere) und Major- (größere) Arbeiterinnen unterteilt werden. Um die größenabhängige Arbeitsverteilung dieser Blattschneiderameisen-Arten aufzuzeigen, wird es sich als lohnenswert erweisen, ihre Gartenarbeit, genauer gesagt wie der Nährboden für die Pilzzucht entsteht, zu betrachten.

Dabei beginnt der Prozess damit, dass beladene, größere Arbeiterinnen ihre geernteten Blattstücke am Ende eines Pfades fallen lassen. In einem weiteren Schritt nehmen kleinere Arbeiterinnen diese Blattstücke auf und zerschneiden sie weiter in noch kleinere Stückchen. Diese haben nun einen Durchmesser von ca. 1 Millimeter. Daraufhin erscheinen innerhalb kürzester Zeit noch kleinere Arbeiterinnen, die diese zerkleinerten Blattstücke zerkauen, zu kleinen feuchten Kugeln formen und diese schlussendlich zu einem Haufen ähnlichen Materials hinzufügen. Diese hier beschriebenen Arbeitsschritte, die jeweils von unterschiedlich großen Ameisen und somit auch unterschiedlichen Subkasten ausgeführt werden, führen dazu, dass eine Masse entsteht, die den Nährboden für die Pilzzucht der Blattschneiderameisen bildet. Damit ist es jedoch mit der Gartenarbeit noch nicht getan, denn die Pilzgärten benötigen fortwährende Pflege. Diese wird von noch kleineren Arbeiterinnen als den eben beschriebenen geleistet. Die Angehörigen dieser Subkaste, welche die kleinsten Arbeiterinnen der Kolonie enthält, werden auch als Zwergarbeiterinnen oder Pygmäen bezeichnet (HÖLLDOBLER & WILSON 2016).

Wenn wir uns jetzt etwas von der Gartenarbeit, vor allem der Pflege der Pilzgärten durch Zwergarbeiterinnen, entfernen und das Augenmerk auf ein anderes Extrem richten, so gibt es in der Ameisenkolonie der Blattschneiderameisen auch „riesige" Ameisen. Diese „Riesen" sind der Subkaste der Soldaten zuzuordnen. Mit ca. dem 300-fachen Gewicht von Gartenarbeiterinnen und einer Kopfbreite von 6 Millimeter stellen Soldaten die größte und schwerste Subkaste der Arbeiterinnen dar. Dabei haben Soldaten einer Ameisenkolonie, wie auch Soldaten in Gesellschaften von Menschen, die Aufgabe ihren Ameisenstaat zu verteidigen. Jedoch ist der Subkaste der Soldaten, trotz ihrer Spezialisierung auf die Verteidigung der Kolonie, nicht pauschal die komplette und alleinige Abwehr von Angreifern zuzuschreiben. Die Verteidigung des Ameisenvolkes hängt dabei stets von dem Räuber ab, der versucht der Kolonie zu schaden beziehungsweise in diese einzudringen. Wird die Kolonie von einem räuberischen

Wirbeltier bedroht, so werden vor allem die Soldatinnen mobilisiert, um den feindlichen Angriff abzuwehren. Ist es hingegen eine andere Ameisenkolonie, die das Ameisennest bedroht, so werden bevorzugt kleinere Arbeiterinnensubkasten zur Verteidigung eingesetzt. Denn kleinere Ameisen sind trotz ihrer geringeren Stärke, aufgrund ihrer höheren Mobilität, besser dazu geeignet, Kämpfe mit feindlichen Kolonien auszutragen als die immobileren Soldatinnen (HÖLLDOBLER & WILSON 2016).

3.2.2. Spezialisierung von Subkasten – ein Nachteil?

Es ist anzumerken, dass eine physische Spezialisierung (vor allem hinsichtlich der Körpergröße) von Arbeiterinnen auf bestimmte Tätigkeiten nicht immer von Vorteil ist. Denn Spezialisierung von Individuen macht sie höchst ungeeignet dazu, Aufgaben, die nicht ihrem herkömmlichen Tätigkeitsbereich entsprechen, effizient auszuführen. Zu Zeiten, in denen nicht so viele Spezialisten gebraucht werden, können diese keine anderen Tätigkeiten effektiv ausführen. Da die Ameisen nach dem Schlupf aus der Puppe ihre Morphologie nicht mehr verändern, ist ein auf physischen Kasten bestehendes System nicht dazu geeignet sich immerwährenden Veränderungen der Umwelt anzupassen. Das könnte ein Grund dafür sein, wieso physischer Polymorphismus innerhalb der Arbeiterinnenkaste nur in ca. 20% der Ameisengattungen aufgefunden werden kann. Daher sind solche Arten auch meist in Gebieten der Erde mit beständigen Umweltbedingungen aufzufinden (BOURKE & FRANKS 1995).

3.2.3. Dynamische Arbeitsverteilung innerhalb einer Ameisenkolonie
3.2.3.1. Generelle Aspekte der dynamischen Arbeitsverteilung

Generell sind Ameisenkolonien in Kasten, bei einigen Ameisenarten zusätzlich noch in Subkasten, unterteilbar. Dies bedeutet aber nicht, dass die Arbeitsteilung der Kolonie eine statische Verteilung von Arbeitern auf gewisse Tätigkeiten hat. Das Verhalten einer Ameisenkolonie ist das definitive Gegenteil davon. Es ist trotz einer fehlenden zentralen Leitstelle dynamisch. Das Verhalten der Ameisen passt sich ständig den wandelnden Umweltbedingungen sowie sich verändernden Bedingungen innerhalb ihrer Kolonie an. Tritt ein größeres Tier auf das Ameisennest oder fängt es an zu regnen, so muss das Nest repariert werden. Falls die Anzahl der zurzeit vorhandenen Arbeiterinnen, die den Nestreparaturtätigkeiten nachgeht, nicht ausreichend ist, so wechseln Arbeiterinnen aus anderen Bereichen ihre Tätigkeit und helfen ihren Schwestern bei den Reparaturen (GORDON 2010).

Ein weiteres schönes Beispiel, anhand dessen die kolonieinterne Dynamik verdeutlich werden kann, ist das der Nahrungsbeschaffung. Die Königin legt meist in gewissen Abständen oder zu einer bestimmten Jahreszeit ihre Eier. Und da die meiste Nahrung, die von den außerhalb des Nestes arbeitenden Arbeiterinnen gefunden wird, zum Füttern der Larven eingesetzt wird, werden zu Zeiten in denen mehr Larven gefüttert werden müssen, auch dementsprechend mehr Arbeiterinnen, die auf Nahrungssuche gehen, außerhalb des Nestes benötigt. So passt sich die Arbeitsverteilung dementsprechend auch dem plötzlichen Auftauchen einer neuen Nahrungsquelle oder einer Knappheit an Nahrungsressourcen dynamisch an. Dazu verschieben Arbeiterinnen ihren Tätigkeitsbereich in den Sektor, in dem es zurzeit eine erhöhte Menge an Arbeitslast zu bewältigen gibt (GORDON 2010).

3.2.3.2. *Pgonomyrmex barbatus* – ein Muster für dynamische Arbeitsverteilung

Durch die Betrachtung der Arbeitsteilung von Ameisenkolonien am Beispiel der roten Ernteameise *Pgonomyrmex barbatus* soll hier die Fähigkeit der Arbeiterinnen, sich verändernden kolonieinternen Bedingungen anzupassen, veranschaulicht werden. Grundsätzlich übernehmen Arbeiterinnen einer Kolonie dieser Art außerhalb des Nests vier grundlegende Tätigkeiten. Darunter fallen: Nahrungssuche (engl. foraging), Patrouillieren (engl. patrolling), Instandhaltung des Nests (engl. nest maintenance) und Organisation/Verwaltung von Abfallhaufen (engl. midden). Es wird geschätzt, dass diese vier Außentätigkeiten von den ältesten 25% der Arbeiterinnen ausgeführt werden. Denn es ist schwierig, das Alter von Ameisen zu bestimmen, da sich die jüngsten Ameisen, die gerade erst aus den Puppen geschlüpft sind, sich tief im Ameisennest befinden und es somit nicht möglich ist, diese zu markieren, ohne den Bau zu zerstören (GORDON 2010).

Die dynamische Arbeitsteilung innerhalb einer Ameisenkolonie lässt sich hierbei dadurch veranschaulichen, indem man Versuche dazu durchführt, inwiefern sich die Tätigkeitsverteilung unter gewissen schwankenden Bedingungen verändert. Hierzu wurden in einem Versuch von Deborah M. Gordon Ameisen, die den vier unterschiedlichen außernestlichen Tätigkeiten nachgingen, jeweils entsprechend ihres Tätigkeitsbereichs mit unterschiedlichen Farben markiert. Nun konnte man zum Beispiel durch Anpassen der jeweiligen Anzahl der Arbeiterinnen eines gewissen Tätigkeitsfeldes beobachten, wie dieser Mangel an Arbeiterinnen in der Ameisenkolonie ausgeglichen wurde. Dabei ist man zu folgenden Ergebnissen gelangt: Falls es keine drastischen Veränderungen innerhalb des Ameisennests oder der Umwelt gab, hat sich der Tätigkeitsbereich von Ameisen von einem Tag auf den Nächsten nicht verändert. Jedoch konnte man im gegenteiligen Fall, in welchem es entsprechend den veränderten Umweltbedingungen oder kolonieinternen Veränderungen eine höhere Arbeitslast in einem gewissen Tätigkeitsfeld zu verrichten gab, erkennen, dass, wenn mehr Arbeiterinnen für eine gewisse Tätigkeit benötigt werden, Arbeiterinnen aus anderen Bereichen ihren Tätigkeitsbereich dahingehend ändern können. Hierbei können jedoch nicht alle Arbeiterinnen, aus jeglichem Arbeitsbereich, zu einer beliebigen anderen Arbeit wechseln. Wenn mehr Nahrungssucher benötigt werden, so wird eine gewisse Anzahl Ameisen aus den anderen drei Tätigkeitsbereichen zur Nahrungssuche wechseln. Wenn mehr Arbeiter zum Patrouillieren benötigt werden, so wechseln zumeist nestinstandhaltende Arbeiterinnen ihre Arbeit dahingehend. Dahingegen können keine neuen Arbeiterinnen für die Nestinstandhaltung aus den anderen drei Tätigkeitsbereichen bezogen werden. Diese Arbeitskraft muss durch jüngere Ameisen aus dem Inneren des Nestes bezogen werden. Zudem wurde festgestellt, dass Ameisen, die Nahrungssucher geworden sind, zu keiner anderen Tätigkeit mehr zurückkehren. Sie werden bis an ihr Lebensende für diese Arbeit zuständig sein (GORDON 2010).

3.2.4. Alters- und Zentrifugalpolyethismus

Der physische und morphologische Polymorphismus, als ein Prinzip der Arbeitsteilung in Ameisenkolonien, wird hierbei von zwei anderen wichtigen Mechanismen überlagert (BOURKE & FRANKS 1995). Diese Mechanismen sind der Alters- und Zentrifugalpolyethismus. Dabei bedeutet Polyethismus in Hinsicht auf die Ameisenkolonie, dass Arbeiterinnen verschiedene Verhaltensmuster aufzeigen können und somit auch an unterschiedlichen Aufgaben innerhalb der Kolonie beteiligt sein können.

Dem Alterspolyethismus entspricht die Annahme, dass Arbeiterinnen mit zunehmendem Alter ihren Tätigkeitsbereich innerhalb der Kolonie ändern und somit während ihrer gesamten Lebenszeit mehrere unterschiedliche Tätigkeiten verrichten (GORDON 2010). Dem Zentrifugalpolyethismus hingegen entspricht die Annahme, dass Arbeiterinnen ihren Tätigkeitsbereich von innerhalb des Nests stetig immer weiter nach außen verschieben, bis sie schließlich an der Nahrungssuche beteiligt sind (BOURKE & FRANKS 1995). Diese beiden Prinzipien des Alters- und Zentrifugalpolyethismus gehen hierbei Hand in Hand. Aufgrund dessen können und sollen sie hier nicht abgetrennt voneinander dargestellt werden.

Arbeiterinnen nehmen zu Beginn ihres adulten Lebens meist eine Tätigkeit in der Nähe ihres Schlupfortes auf. Dies ist in der Nähe ihres Kokons, welcher sich im Zentrum des Ameisennestes befindet. Dort arbeiten sie vor allem im Sinne der Brutpflege und versorgen die Königin mit ausreichend Futter. Mit zunehmendem Alter und auf der Suche nach neuer Arbeit verlassen die Arbeiterinnen die Brutkammer und wechseln ihren Tätigkeitsbereich hin zur Nestpflege oder dem Sortieren und Organisieren von Nahrung, welche von den nahrungssuchenden Ameisen ans Nest herangebracht wird. Nach einer gewissen Zeit verlassen jedoch auch diese Arbeiterinnen ihren Tätigkeitsbereich und schließen somit ihren Wechsel von Arbeiten innerhalb des Nests hin zu Arbeiten außerhalb des Nests ab (GORDON 2010).

Obwohl in einigen Versuchsreihen größere und in anderen kleinere Abhängigkeiten von Ameisenalter und der von diesen jeweiligen Altersgruppen verrichteten Arbeit gefunden wurden, so ist trotz der ermittelten Schwankungen von Tätigkeitsfeld und Altersgruppe der Arbeiterinnen, erstens, die These, dass Arbeiterinnen mit zunehmendem Alter ihren Tätigkeitsbereich ändern, und zweitens, dass Arbeiterinnen im Laufe ihres Lebens den Tätigkeitsbereich von innerhalb des Nests stetig weiter nach außen, bis hin zum „Außendienst", verschieben, nicht zu widerlegen. Somit sind die Prinzipien des Alters- und des Zentrifugalpolyethismus als allgemeine Prinzipien, die zur Arbeitsteilung innerhalb einer Ameisenkolonie dienen, anzuerkennen (BOURKE & FRANKS 1995).

4. Schluss

In dieser Arbeit wurden die grundlegenden Prinzipien der Arbeitsteilung, nach welchen ein Ameisenstaat funktioniert, aufgezeigt. Zu diesen gehören: Das Kastensystem: Dieses teilt die Ameisen grundlegend in die Königinnenkaste und die Arbeiterinnenkaste auf. Bei höher organisierten Ameisenarten ist die Existenz von Subkasten möglich. Die Dynamik des Ameisenstaates: Ein regulierender Mechanismus, durch den Arbeiterinnen ihren Tätigkeitsbereich ändern und somit eine intakte Struktur des Ameisenstaates, trotz einer sich stetig verändernden Umwelt, gewährleisten können. Der Alterspolyethismus und Zentrifugalpolyethismus: Laut diesen Prinzipien ändern Arbeiterinnen ihren Tätigkeitsbereich aufgrund ihres zunehmenden Alters, unter ähnlich bleibenden Bedingungen, stetig von innen nach außen. Hierbei stellt die Nahrungssuche als Tätigkeitsbereich meist die letzte Station dieses grundlegenden Prinzips dar.

Jedoch ist die Wissenschaft, trotz des in den letzten Jahrzehnten eingetretenen enormen Fortschritts in Hinsicht auf Organisationsstrukturen und generelle Mechanismen der sozialen, staatenbildenden Insekten, mit ihrer Arbeit noch nicht am Ende. Hierbei ist vor allem der enorme Fortschritt in der Untersuchung von Ameisenstaaten hervorzuheben. Denn durch jeden neu entdeckten Mechanismus innerhalb eines Organismus oder eines Superorganismus entstehen neue interessante Forschungsmöglichkeiten sowie auch daraus resultierende potentielle Anwendungsgebiete innerhalb anderer Forschungsbereiche. Daher wird in den Wissenschaften an sich, als auch speziell in der Forschung zu sozialen, staatenbildenden Insekten wie den Ameisen, durch den natürlichen Drang des Menschen, die Natur und ihre Mechanismen zu verstehen, stets neues Wissen entstehen. Ein Ende ist hierbei noch nicht in Sicht.

5. Literaturverzeichnis

BOURKE, A. F. G. & FRANKS, N. R. (1995) Social evolution in ants. Princeton University Press, Princeton, NJ. 529 S.

BUCHINGER, A. (1985) Staatenbildung der Insekten. Wissenschaftliche Buchgesellschaft, Darmstadt. 211 S.

GORDON, D. M. (2010) Ant encounters. Interaction networks and colony behavior. Princeton University Press, Princeton, NJ. 167 S.

HÖLLDOBLER, B. & WILSON, E. O. (2016) Auf den Spuren der Ameisen. Die Entdeckung einer faszinierenden Welt. Springer Spektrum, Berlin. 419 S.

HÖLLDOBLER, B. & WILSON, E. O. (2011) Blattschneiderameisen – der perfekte Superorganismus. Springer-Verlag, Berlin, Heidelberg. 166 S.

HÖLLDOBLER, B. & WILSON, E. O. (2010) Der Superorganismus. Der Erfolg von Ameisen, Bienen, Wespen und Termiten. Springer-Verlag, Berlin, Heidelberg. 604 S.

BEI GRIN MACHT SICH IHR WISSEN BEZAHLT

- Wir veröffentlichen Ihre Hausarbeit,
  Bachelor- und Masterarbeit

- Ihr eigenes eBook und Buch -
  weltweit in allen wichtigen Shops

- Verdienen Sie an jedem Verkauf

Jetzt bei www.GRIN.com hochladen
und kostenlos publizieren